月球的两面

图书在版编目（CIP）数据
月球的两面 / (西) 拉特・帕雷拉达，(西) 卡莱斯・施纳贝尔著；(西) 夏梅斯・埃斯卡兰特绘；张贝贝译.
北京：电子工业出版社，2021.3
ISBN 978-7-121-40554-9

Ⅰ. ①月… Ⅱ. ①拉… ②卡… ③夏… ④张… Ⅲ. ①月球－少儿读物 Ⅳ. ①P184-49

中国版本图书馆CIP数据核字（2021）第025212号

责任编辑：苏　琪
印　　刷：河北迅捷佳彩印刷有限公司
装　　订：河北迅捷佳彩印刷有限公司
出版发行：电子工业出版社
　　　　　北京市海淀区万寿路 173 信箱　邮编：100036
开　　本：787×1092　1/12　印张：8　字数：98.5 千字
版　　次：2021 年 3 月第 1 版
印　　次：2021 年 3 月第 1 次印刷
定　　价：98.00 元

感谢马巍参与本书的翻译。

凡所购买电子工业出版社图书有缺损问题，请向购买书店调换。若书店售缺，请与本社发行部联系，联系及邮购电话：（010）88254888，88258888。
质量投诉请发邮件至 zlts@phei.com.cn，盗版侵权举报请发邮件至 dbqq@phei.com.cn。
本书咨询联系方式：（010）88254161 转 1882，suq@phei.com.cn。

月球的两面

[西] 拉特 · 帕雷拉达 卡莱斯 · 施纳贝尔/著 [西] 夏梅斯 · 埃斯卡兰特/绘 张贝贝/译

電子工業出版社
Publishing House of Electronics Industry
北京 · BEIJING

我周围的东西可真多！
你知道我喜欢摸什么吗？
我喜欢摸爸爸热乎乎的双手，
我的宠物波比软软的毛，
还有滑滑的肥皂块儿。

我还看到了其他的东西，
但是它们离我很远，
我够不到。
你知道我说的是什么吗？
有一些是明明很大、
但我看着很小的东西。
比如街道上行驶的汽车，
隔壁村庄的房屋，
还有……天上的飞机。

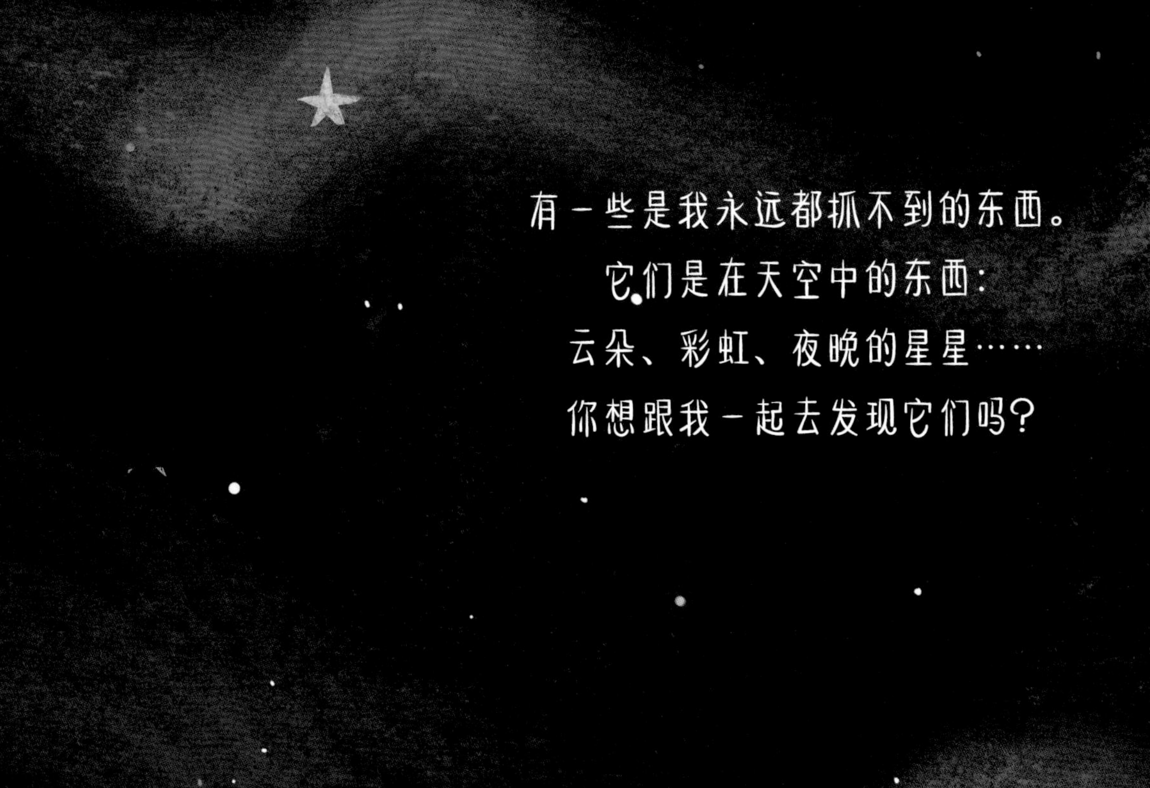
有一些是我永远都抓不到的东西。
它们是在天空中的东西：
云朵、彩虹、夜晚的星星……
你想跟我一起去发现它们吗？

但是现在我要向你展示的是，
在所有这些属于天空的事物中，我最喜欢的那个——

月亮。

月亮总是让我感到吃惊。
很多人说，当太阳落山后，
月亮才会出来。
但其实并不总是这样。

有时候，我在白天也能看到月亮。

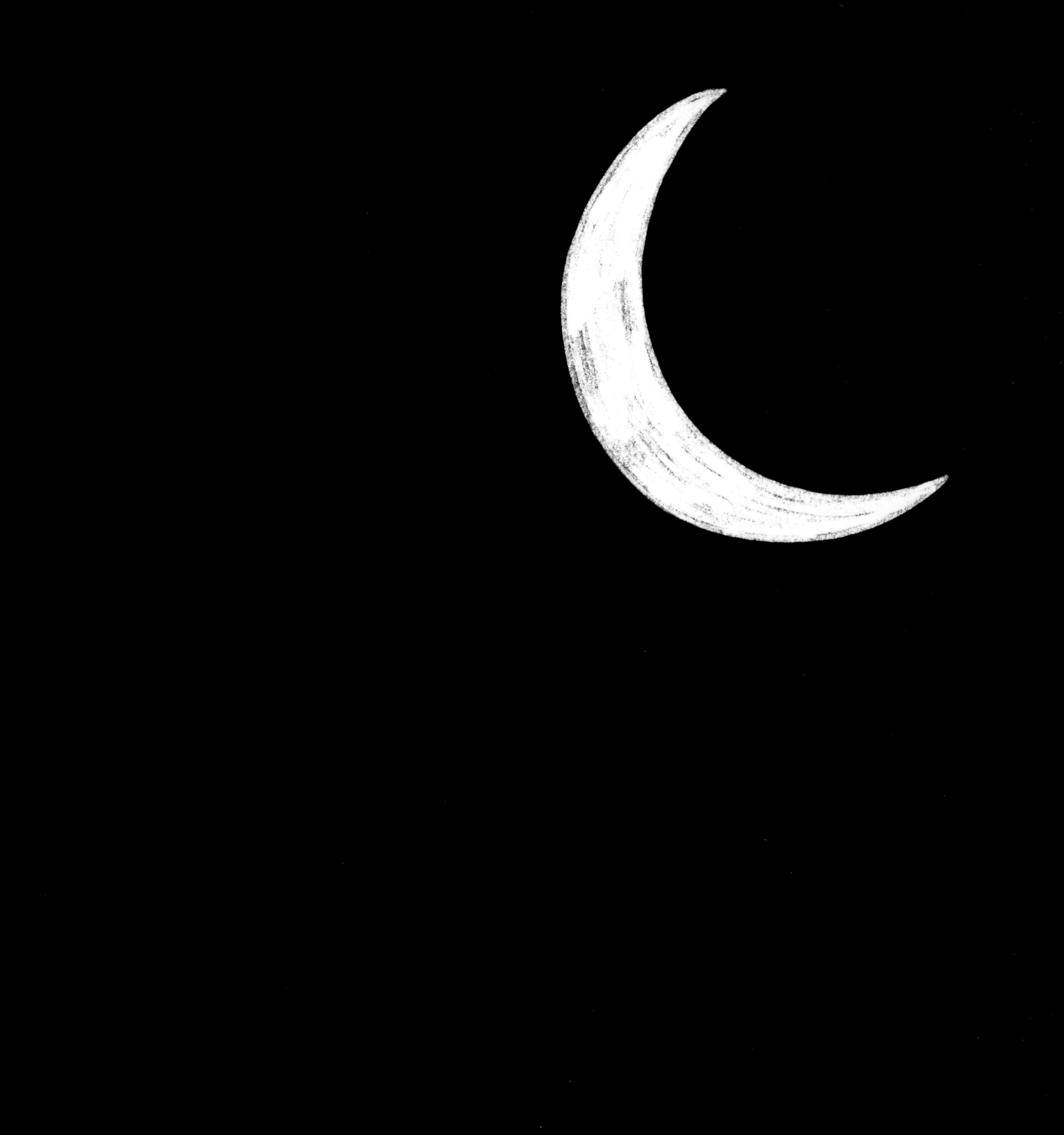

这真是重大发现！
当我起床时，在整个清晨，
我都看到弯弯的月亮。
下午的时候，我看到月亮在渐渐变亮，
直到我上床睡觉。

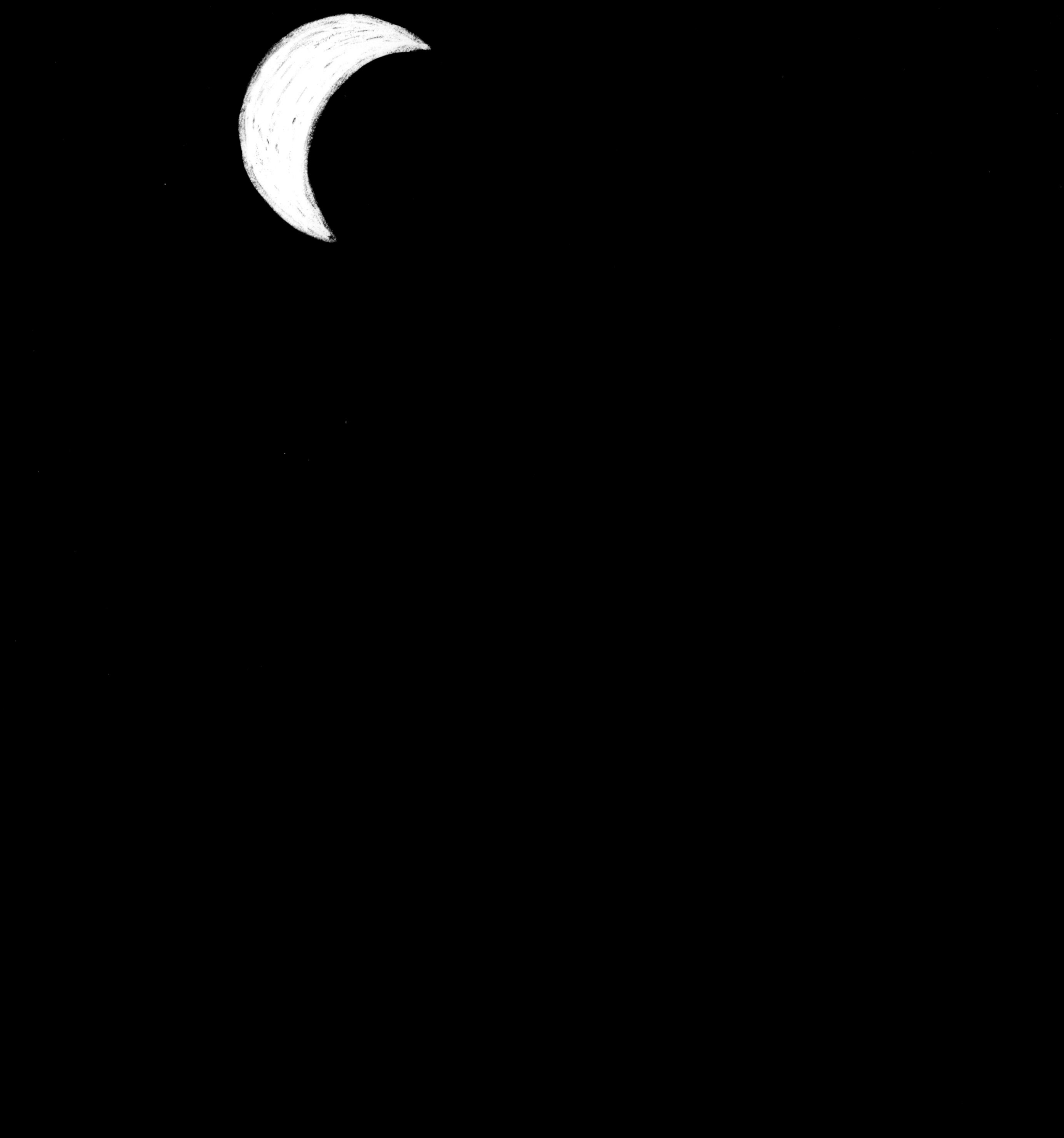

我想摸摸圆圆的满月！当月亮从地平线露出来的时候，
我经常尝试着去摸它，但是从来都够不到它。
你知道为什么吗？
满月很快地升到了天空中，
用它的光芒，陪伴着整个夜晚。

七月

周日	周一	周二	周三	周四	周五	周六
		1	2	3	4	5
6	7	8	9	10	11	12
13	14	15	16	17	18	19
20	21	22	23	24	25	26
27	28	29	30	31		

我每天都在日历上画一个月亮。你想帮我吗？

来吧！用日历表的一整张纸，就能画出所有形状的月亮。

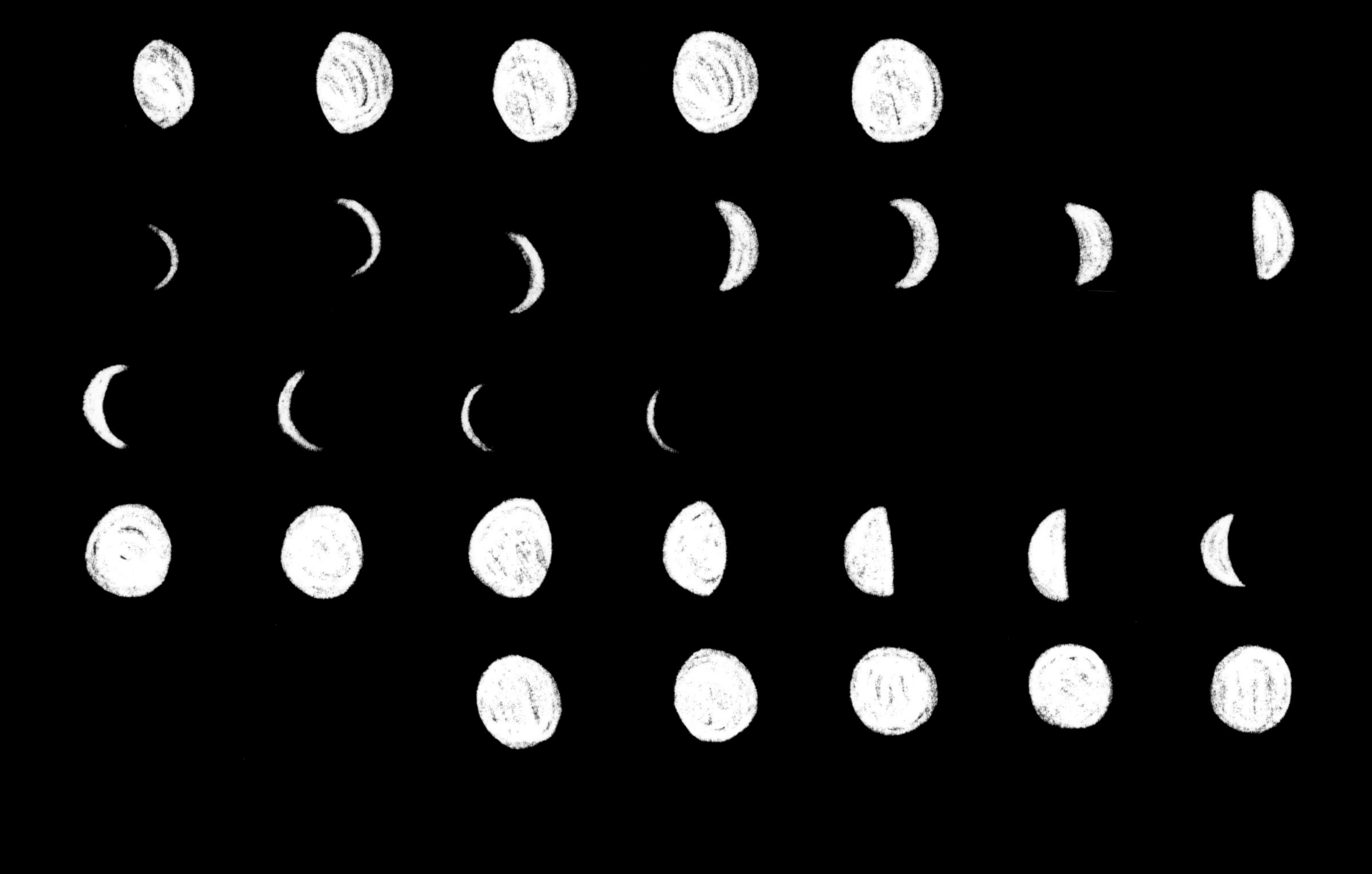

月球是地球的卫星。那什么是卫星呢？
卫星就是围绕着一颗行星转动的天体。
月球围着地球绕一整圈，就是一个月。

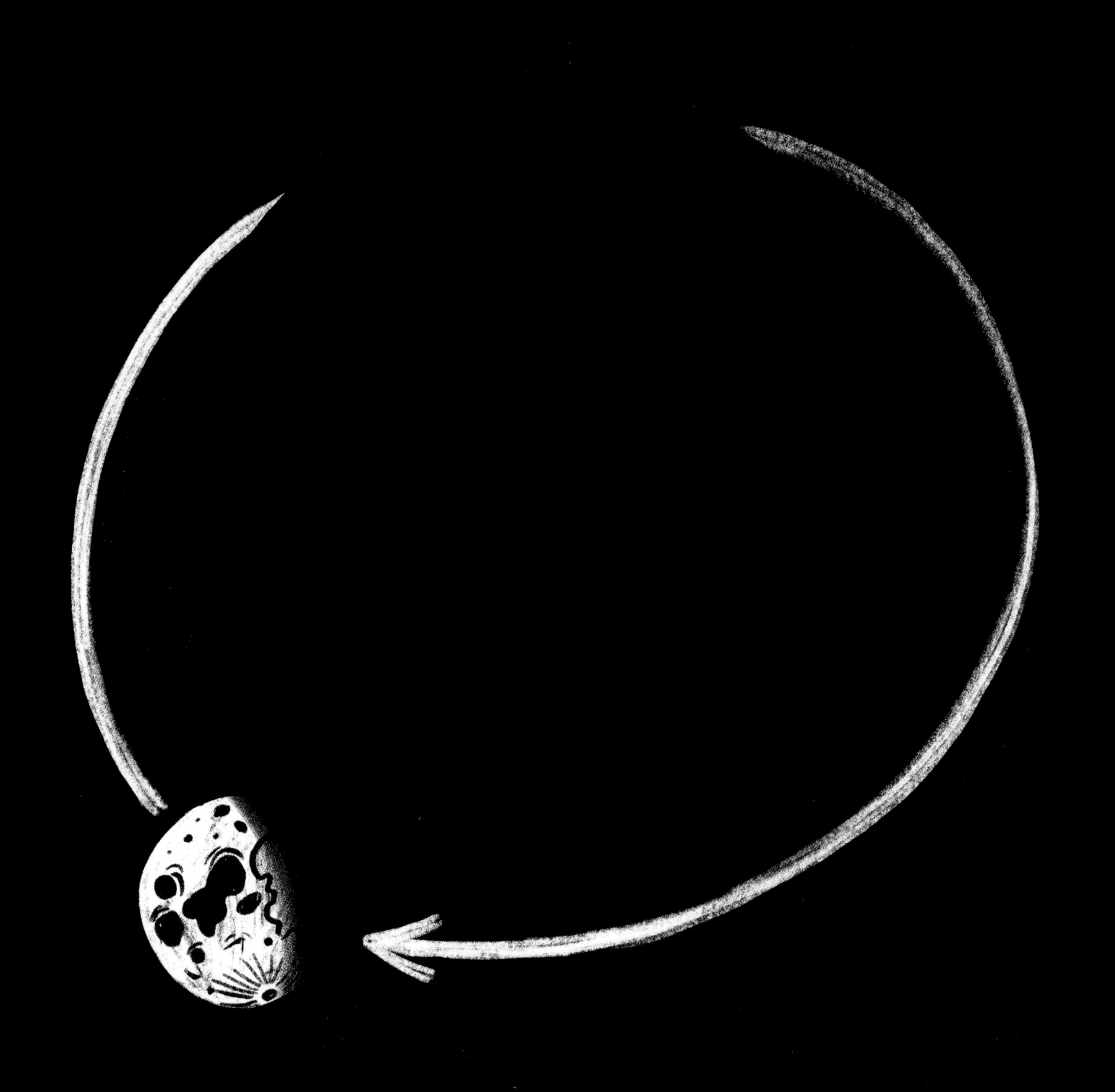

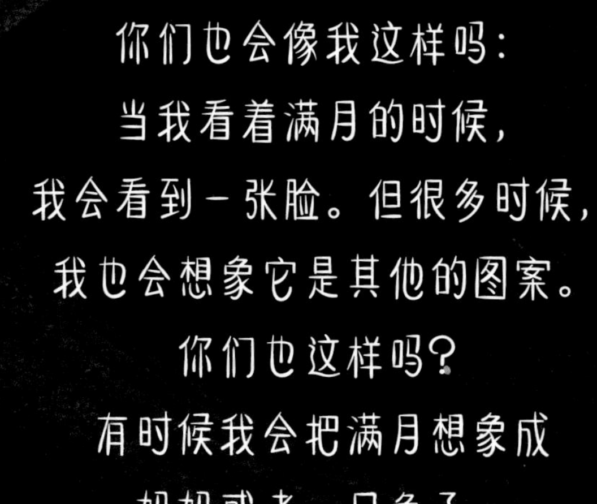

你们也会像我这样吗：
当我看着满月的时候，
我会看到一张脸。但很多时候，
我也会想象它是其他的图案。
你们也这样吗？
有时候我会把满月想象成
妈妈或者一只兔子。

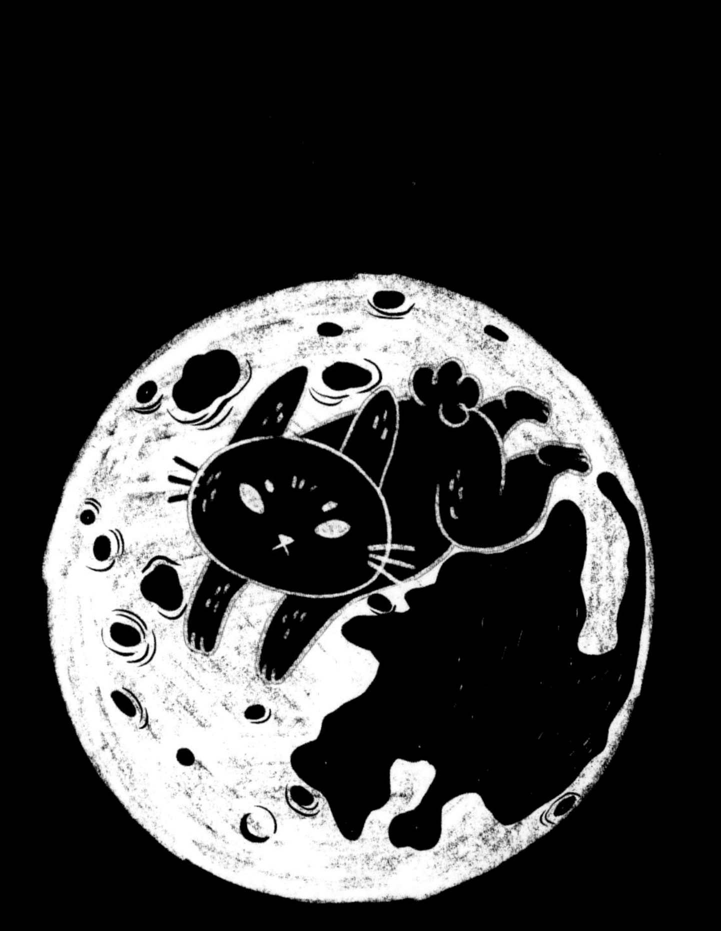

这些斑点是月球上的“海”。但是里面没有水！

月海是月面上比周围低洼的岩浆平原。岩浆从月球内部流出来，冷却后形成了月海。

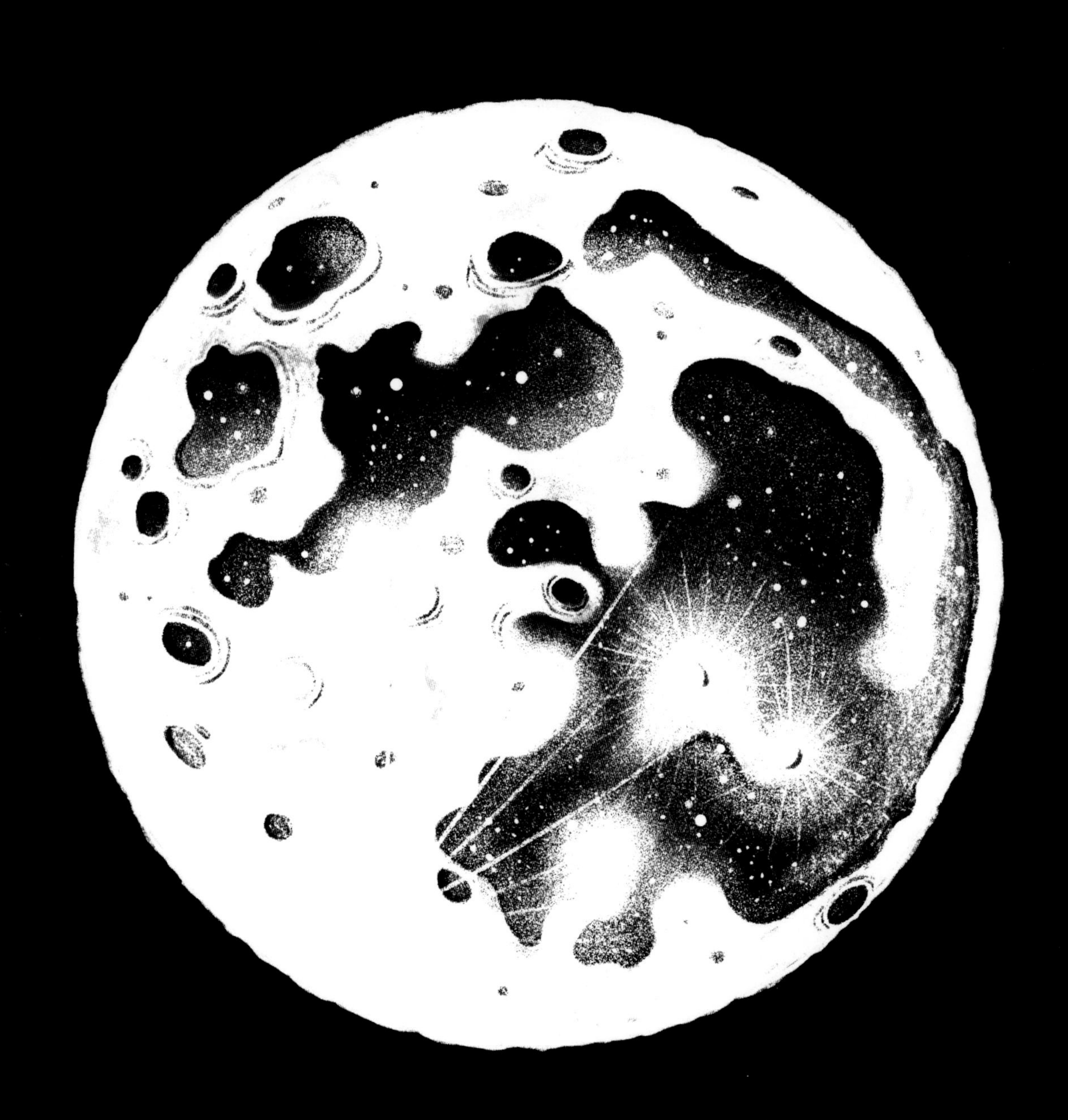

有一天，塞勒涅阿姨让我用望远镜观察月球。我们选择在夜晚观看月球，因为在夜晚可以看得更清楚。你想看吗？我发现了一个新世界。我用阿姨的手机拍了几张特别棒的照片。

我用望远镜可以很清楚地看到月球上的凹坑。
它们就像一块大奶酪上面的洞。
你们知道这些坑是怎么形成的吗？
那是在几十亿年前，巨大的陨石撞击月球，形成了这些坑。

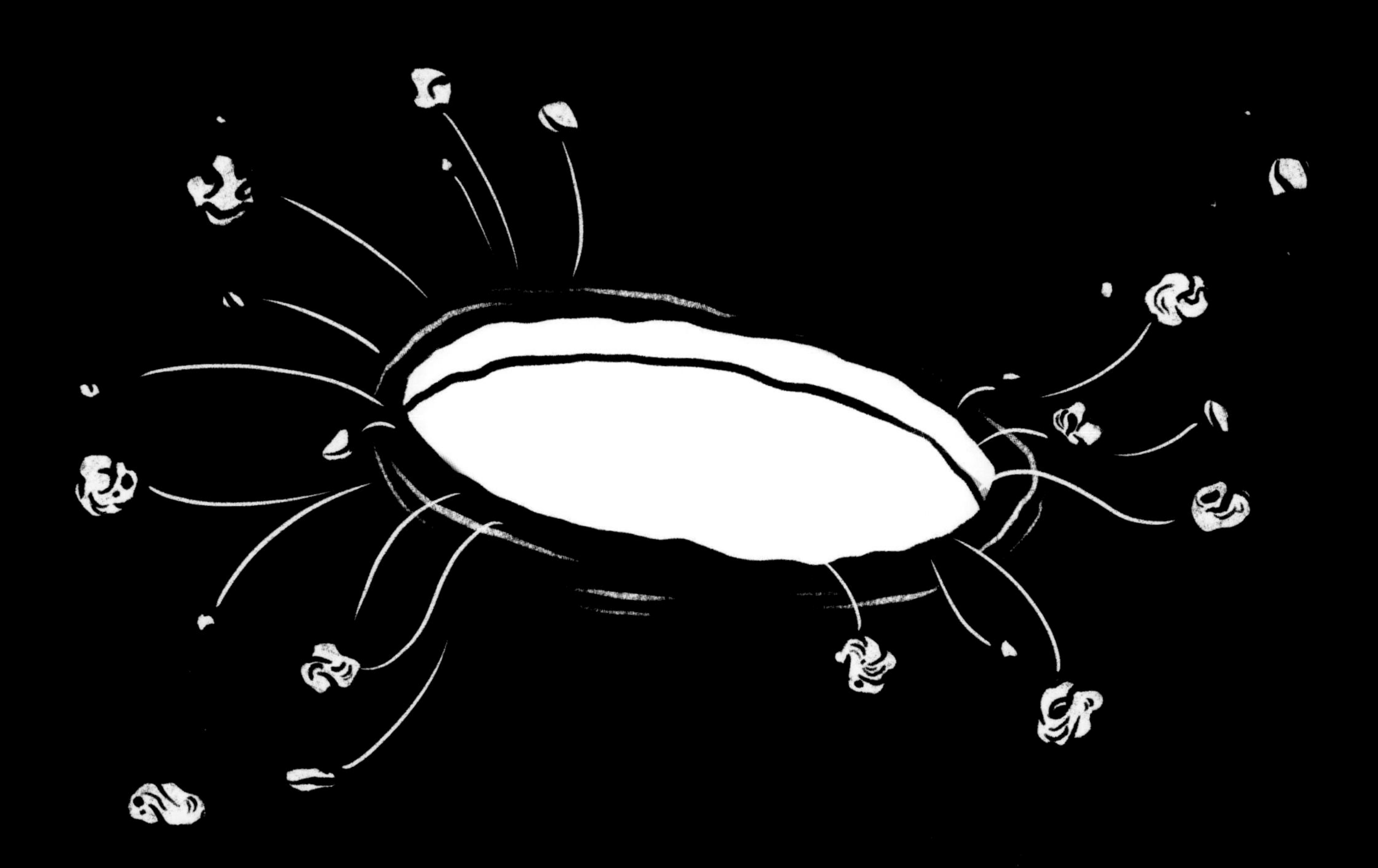

在和塞勒涅阿姨观察了好几天月亮之后，我学会了如何辨认月球上那些最有名的陨石坑和月海。

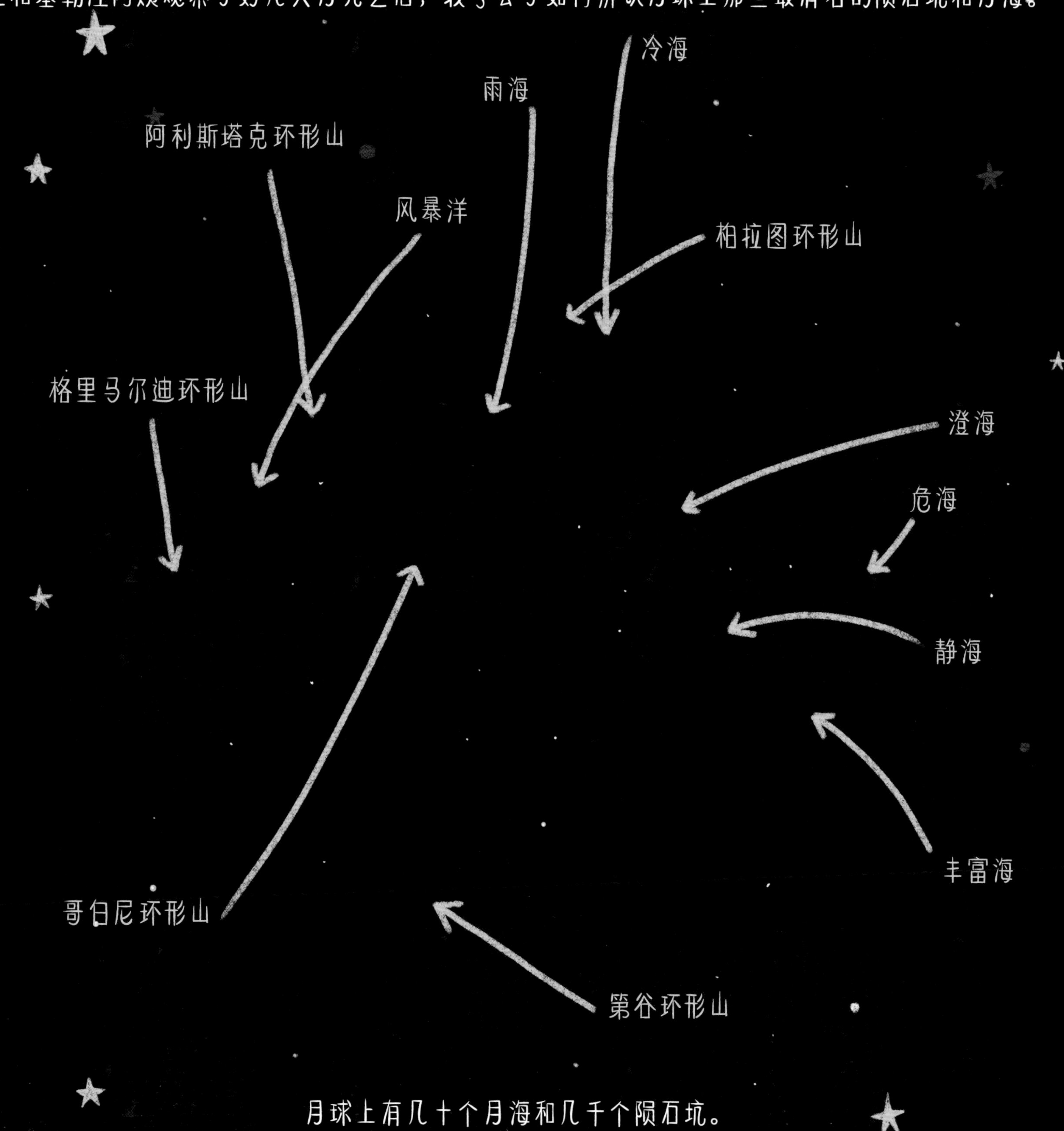

月球上有几十个月海和几千个陨石坑。

塞勒涅阿姨告诉我，大约五十年前，

也就是她跟我一样大时，人们完成了六次月球之旅。

居然有这事儿！

1969至1972这三年，有六枚火箭到达过月球！

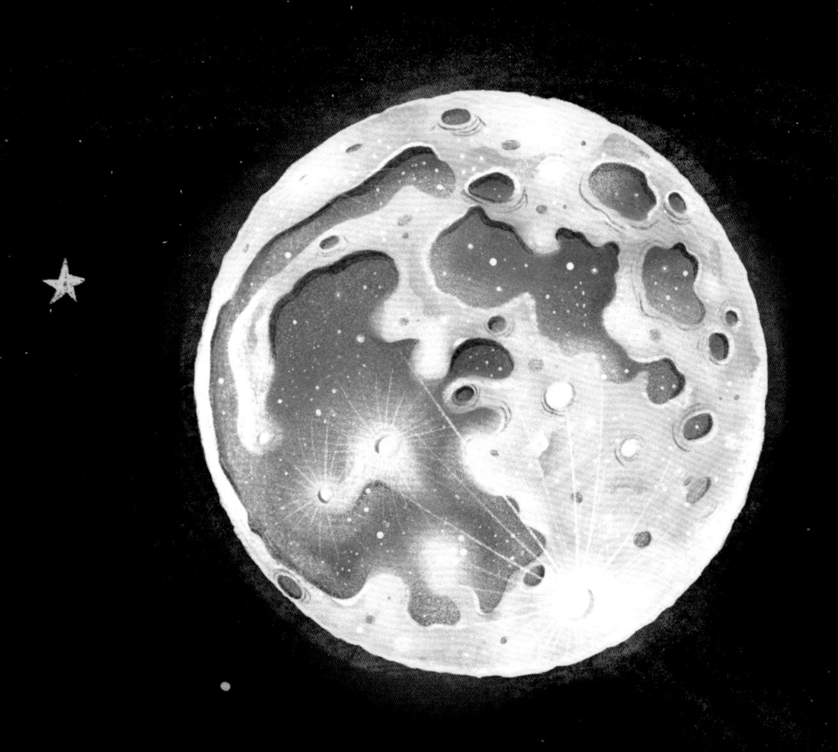

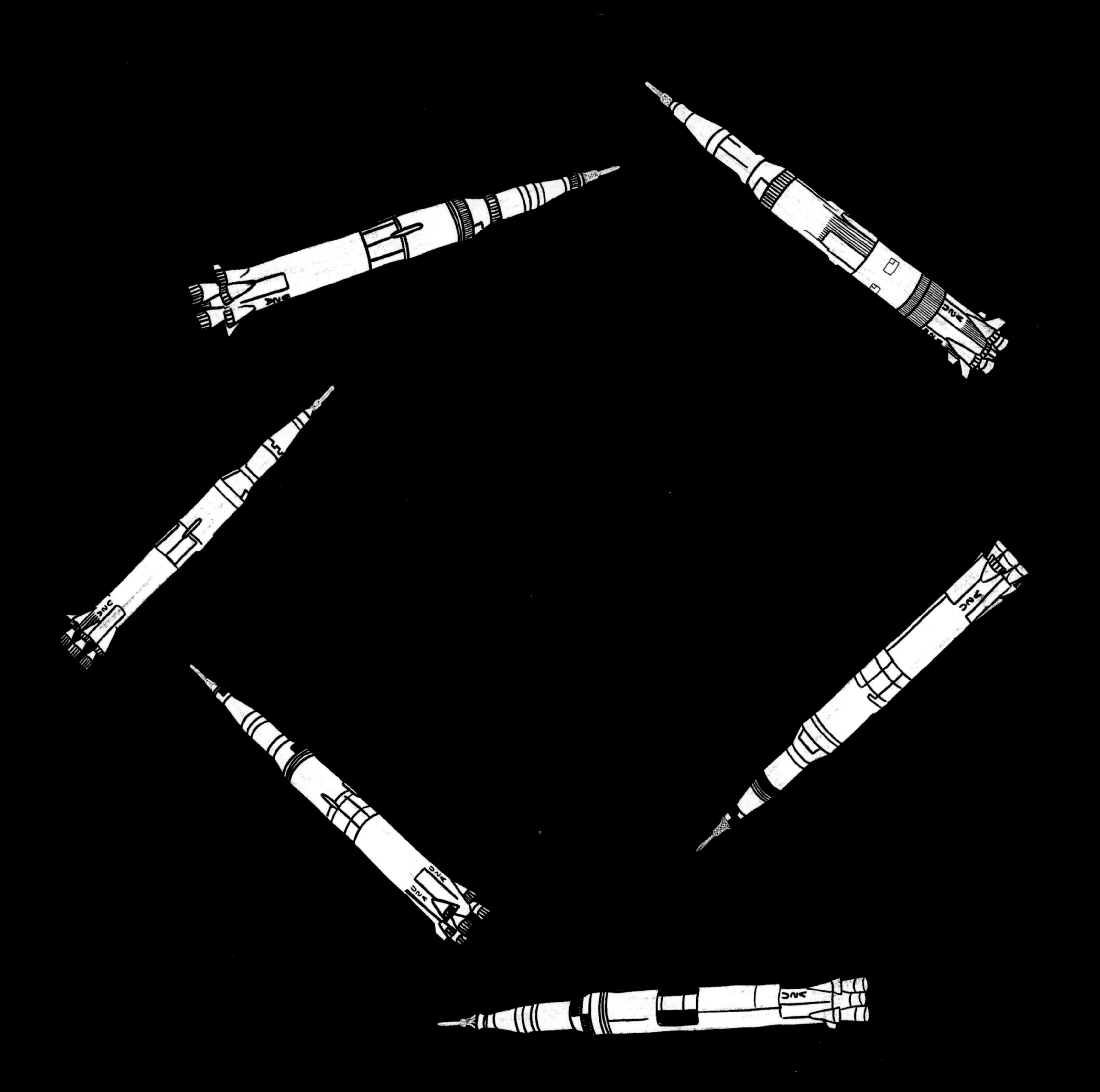

提问：如果有六枚火箭去过月球，每枚火箭上有三名
航天员的话，那么一共有多少人曾飞往过月球？
回答：十八名航天员曾飞往过月球，
但是只有十二人踏上过月球的土地。

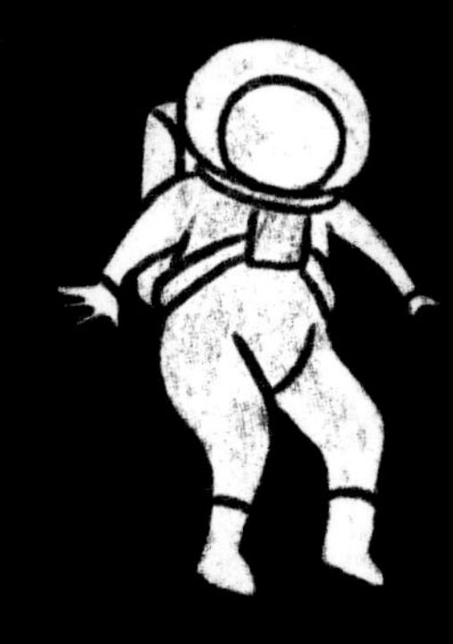
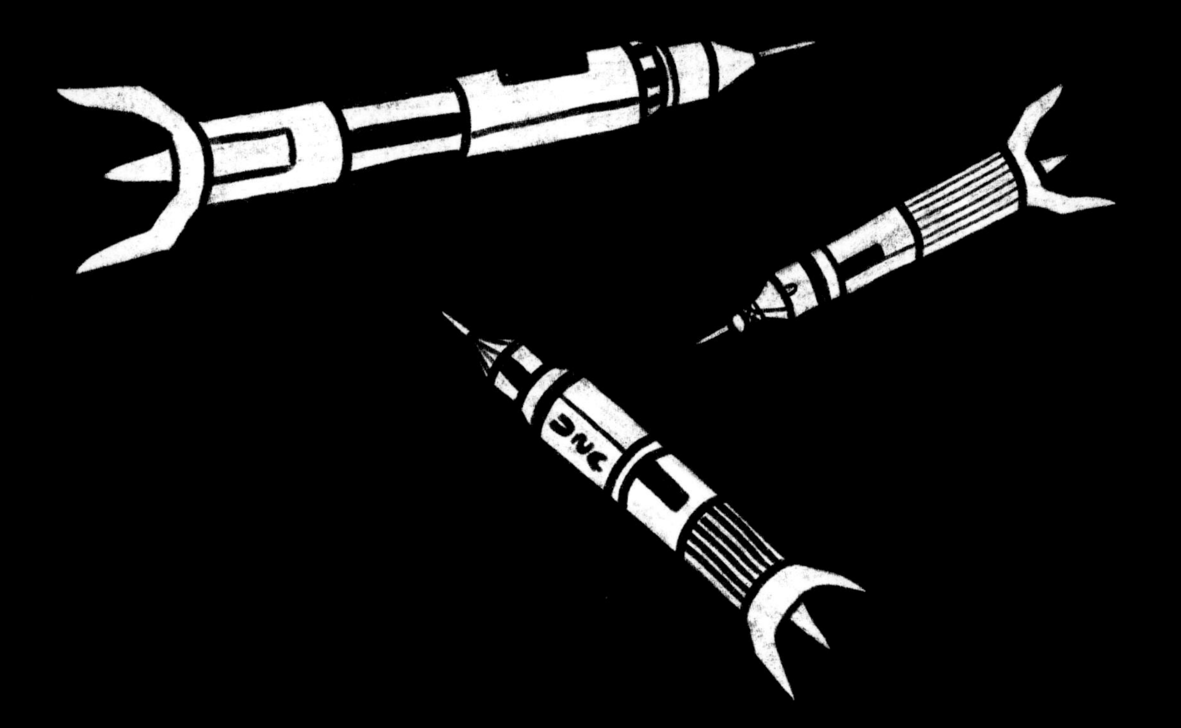

塞勒涅阿姨对我讲述了人类的第一次月球之旅，
并向我展示了用来运载去探月的阿波罗11号的火箭模型。
搭载这枚火箭的三名航天员只在火箭顶部的一小部分
——指挥舱中活动。
USA

塞勒涅阿姨告诉我，火箭分成三部分，也就是三级。
这三级完美地接合在了一起，你们能看出来吗？

火箭的每一级都有它自己的
燃料贮箱和发动机。

火箭发射后几分钟，第一级火箭的燃料就用尽了。
这样它就没有用了，你们知道接下来会发生什么吗？

一级火箭分离，然后掉入海里。

一级火箭完成推动任务之后，接着是二级火箭进行推动，并且分离，再加上三级火箭的一点帮助，最后火箭开始围绕着地球转动。

航天员们在地球轨道上了！

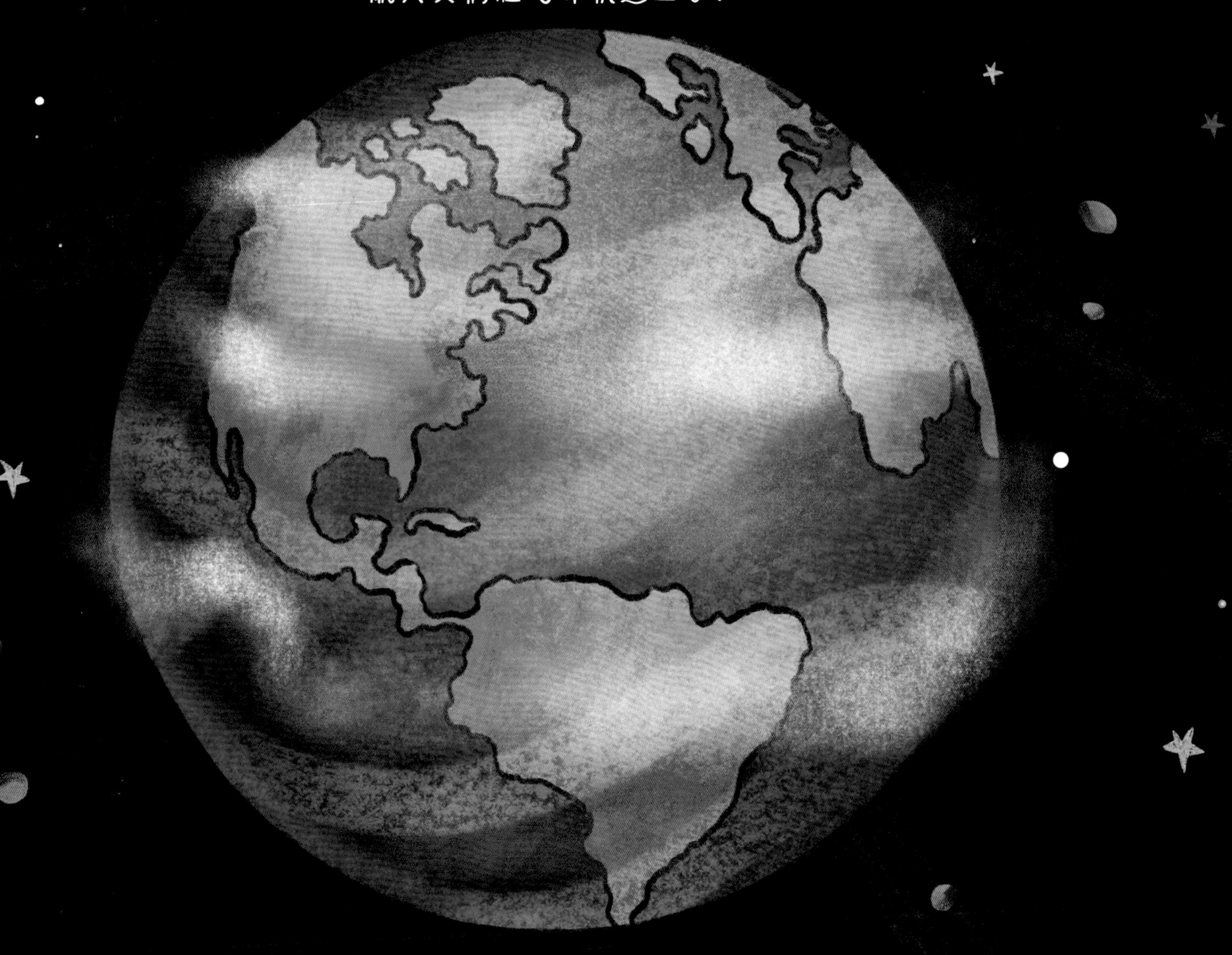

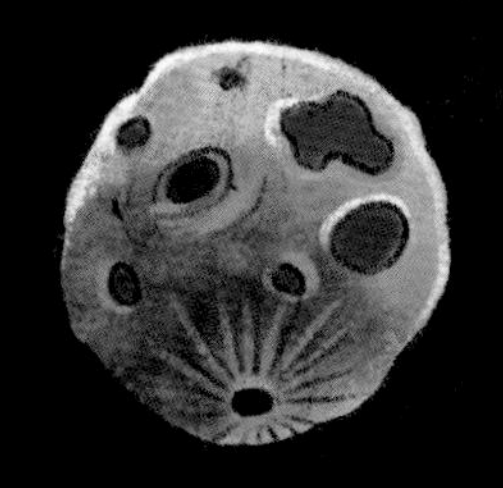

第三级火箭给了航天员们最后的推动力，让他们可以飞往月球。三，二，一，零！你看到了吗？

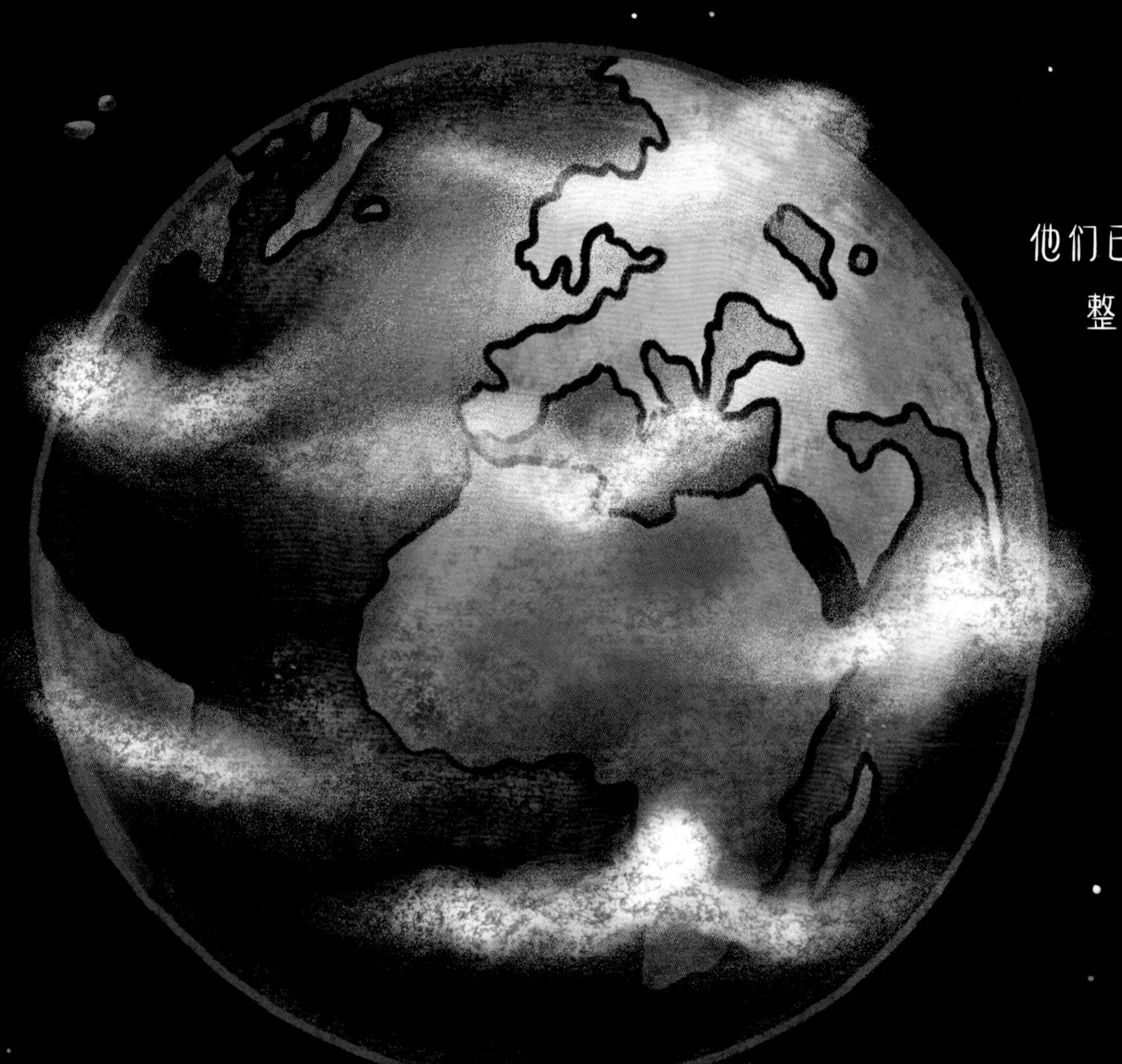

他们已经在去月球的路上了！整个旅程经历了三天。

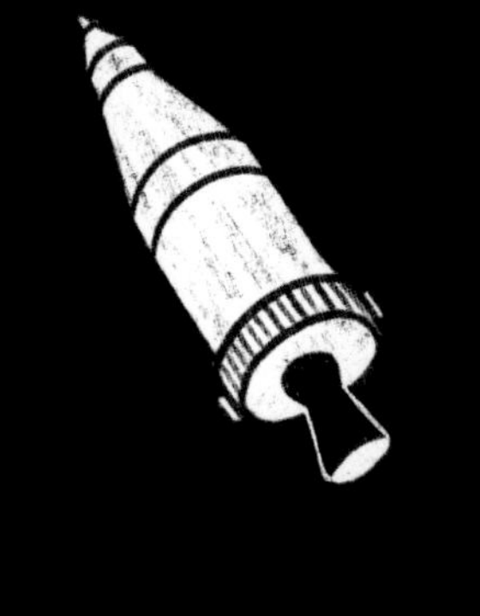

带航天员们去月球的飞船就在第三级火箭的内部。
你们想看吗？

它就是登月舱，
这个飞船的样子像不像一只蜘蛛？

航天员们经过一番操作，让飞船与登月舱连接，
然后分离。你们知道他们为什么这样做吗？
为了能让两名航天员穿过连接着
指挥舱和登月舱的通道。

离开地球轨道仅三天后，航天员们就进入了月球轨道。
不久后，登月舱和指挥舱分离。
那么航天员们这时候在哪里呢？

一名航天员在指挥舱里独自围绕着月球转动，
而其他两名航天员登上月球。

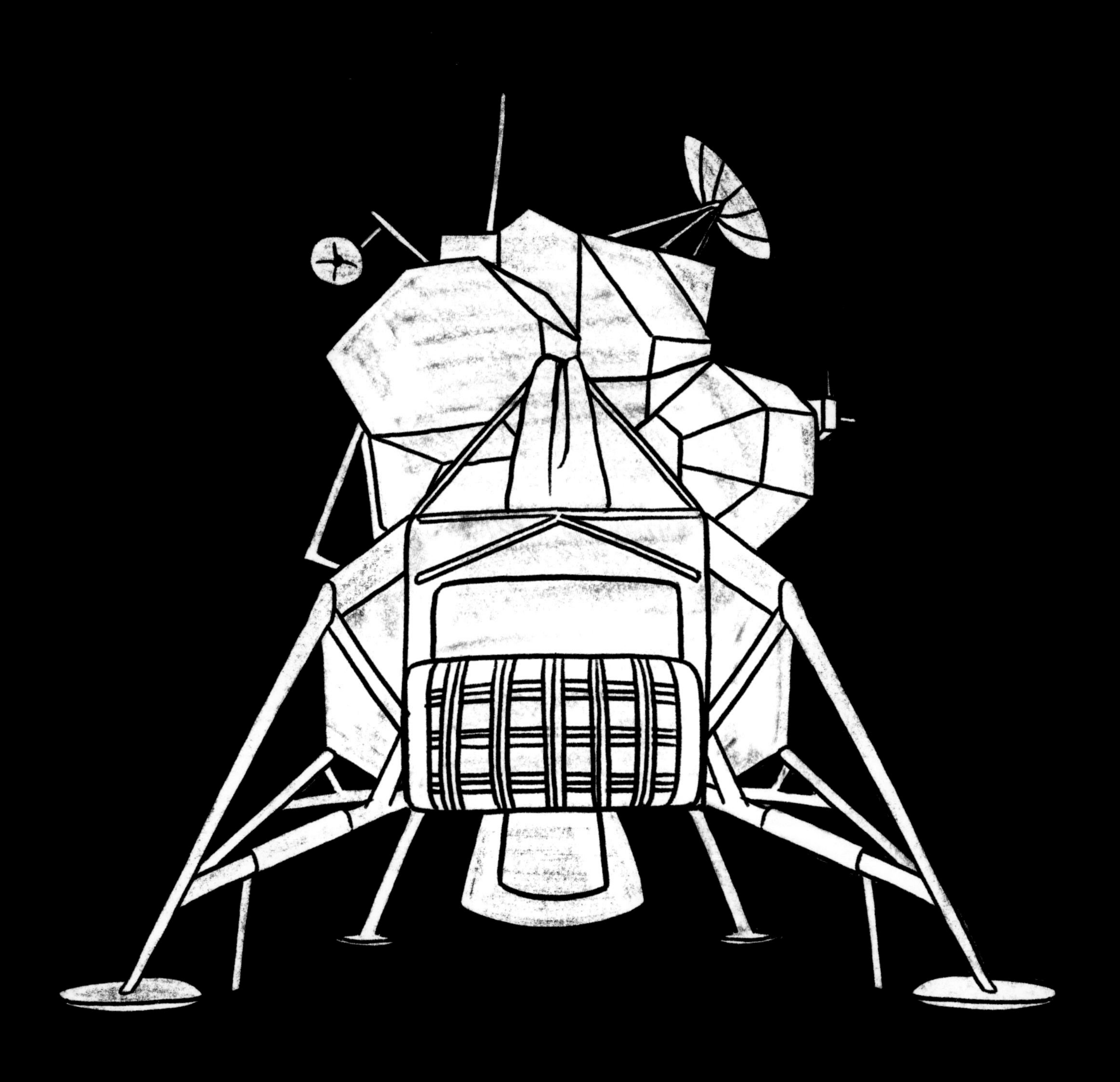

当塞勒涅阿姨向我讲述这一切的时候，
我想去月球的愿望更强烈了。
你们知道我最想做的事是什么吗？
那就是穿上航天员的衣服，
完成我自己的太空之旅。

我开始搜寻关于航天员的知识。
我把自己关在屋子里，然后读书，
读更多的书，并在网上查找资料。
突然……
我发现自己在火箭里了！
我正在飞往月球！

我的周围在剧烈地震动；
火箭发出巨大的轰鸣声震耳欲聋。
我感到呼吸困难，
仿佛有人在用力地压我，
有那么几秒钟我甚至闭上了眼睛。
US

当我醒来的时候，一切都安静了。
我已经离开地球了！

太空中的一切看上去是那么不同。

我发现我失去了重量。
我解开安全带之后，
整个人飘浮在了空中。
我所感受到的就是失重吗？
如果我们说，
我们处于失重状态，
意思就是我们察觉不到自己的重量，
并会飘浮在空中。

透过小窗，我看到自己
正在远离地球——它的颜色是
美丽的蓝色。但是，我是在
朝着正确的方向前进吗？
没错，在那儿！
银色的月球从另一侧渐渐
向我靠近。

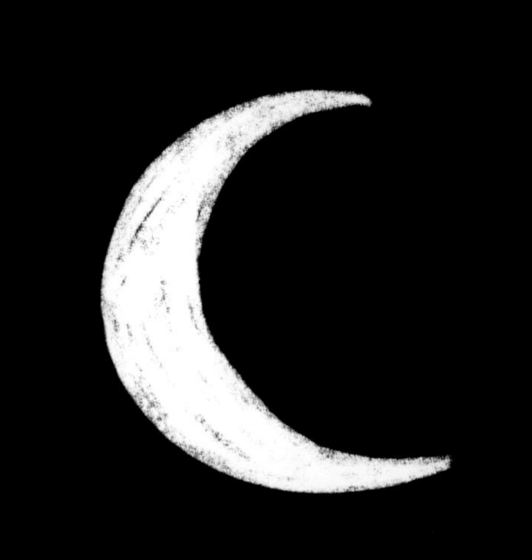

当火箭开始停下的时候，
我又感觉到了我的重量。
你们知道这是为什么吗？
我简直不能相信！
我正在抵达月球，
这种感觉就像我坐
在一辆汽车上，
然后汽车突然刹车。

我钻进登月舱，随之降落到月球的表面。
但是你们不要认为我是坐着的!

在登月舱里可没有椅子可以坐，
我站着操控登月舱的降落。

当我穿上航天服，戴上了头盔，

走出舱门来到外面时，我有一种奇怪的感觉。

我觉得自己非常轻。每走一步，我就不由自主地跳起来，

并扬起一阵极细的沙尘，但是沙尘并没有在空中飘浮。

真是惊喜！在登月舱的底部，
折叠着一辆月球车。我可以使用它吗？
我把它从舱内取出，并将它展开。

这是一辆带有很多天线和摄像机的月球车。
你们觉得它还能够运转吗？
是的，它能运转。
它是一辆电动车，不使用汽油。

在月球上，车子的轮胎不能是充气轮胎，因为会爆炸。

我惊讶于看到了漆黑得如同煤炭一样的天空，
同时还看到了太阳和很多星星。
但是你们知道给我印象最深的是什么吗？

在高空中看到的不是月亮，而是一个壮观的、
蓝色的地球，上面有白色、土黄色和绿色的斑点。

我的地球！

但发生了什么呢？我什么也听不到。
听不到鸟儿的歌唱，也听不到风的呢喃……
我只能听到耳机传达给我的声音。
因为在月球上没有空气。

你好！
能听到吗？
有人吗？

月球上的风景很壮观，有很明亮的地方，
还有非常暗的阴影。

就像一幅用颜色很深的
黑色马克笔绘制的画。

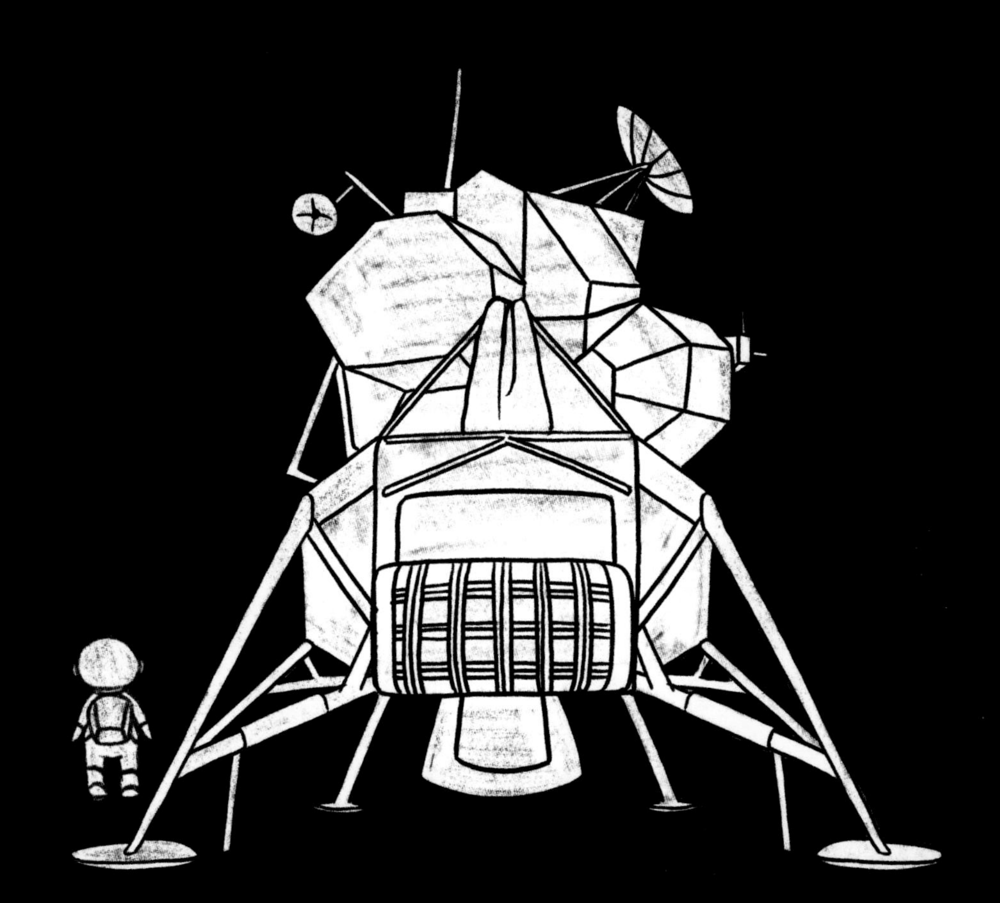

我觉得很累。于是我进入登月舱，
打算睡一会儿。你想看看我第一次在
月球上小睡的地方吗？我拥有的
空间很小，并且非常不舒服，
既没有床也没有吊床可以让我躺下。

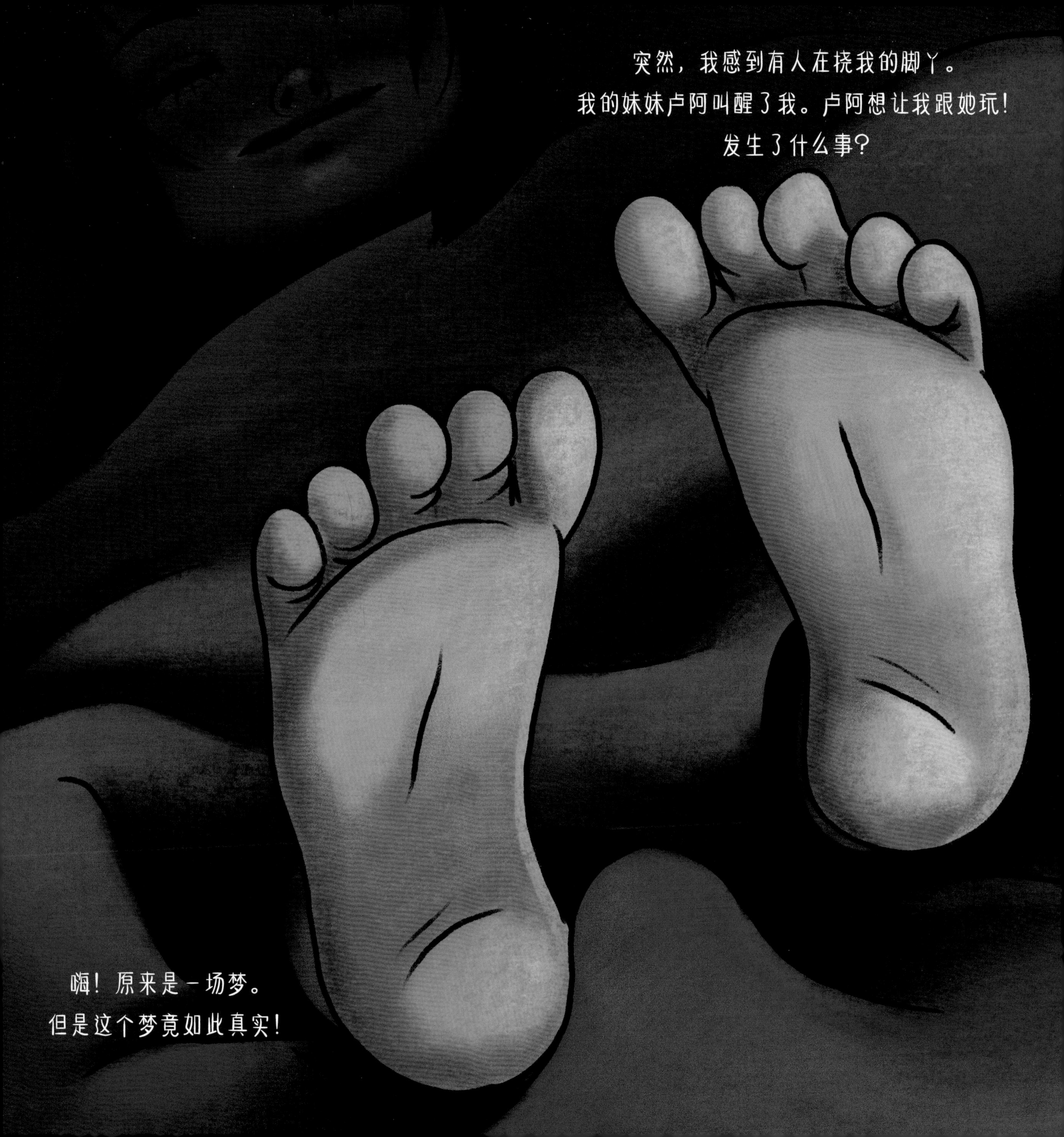

突然，我感到有人在挠我的脚丫。

我的妹妹卢阿叫醒了我。卢阿想让我跟她玩！

发生了什么事？

嗨！原来是一场梦。

但是这个梦竟如此真实！

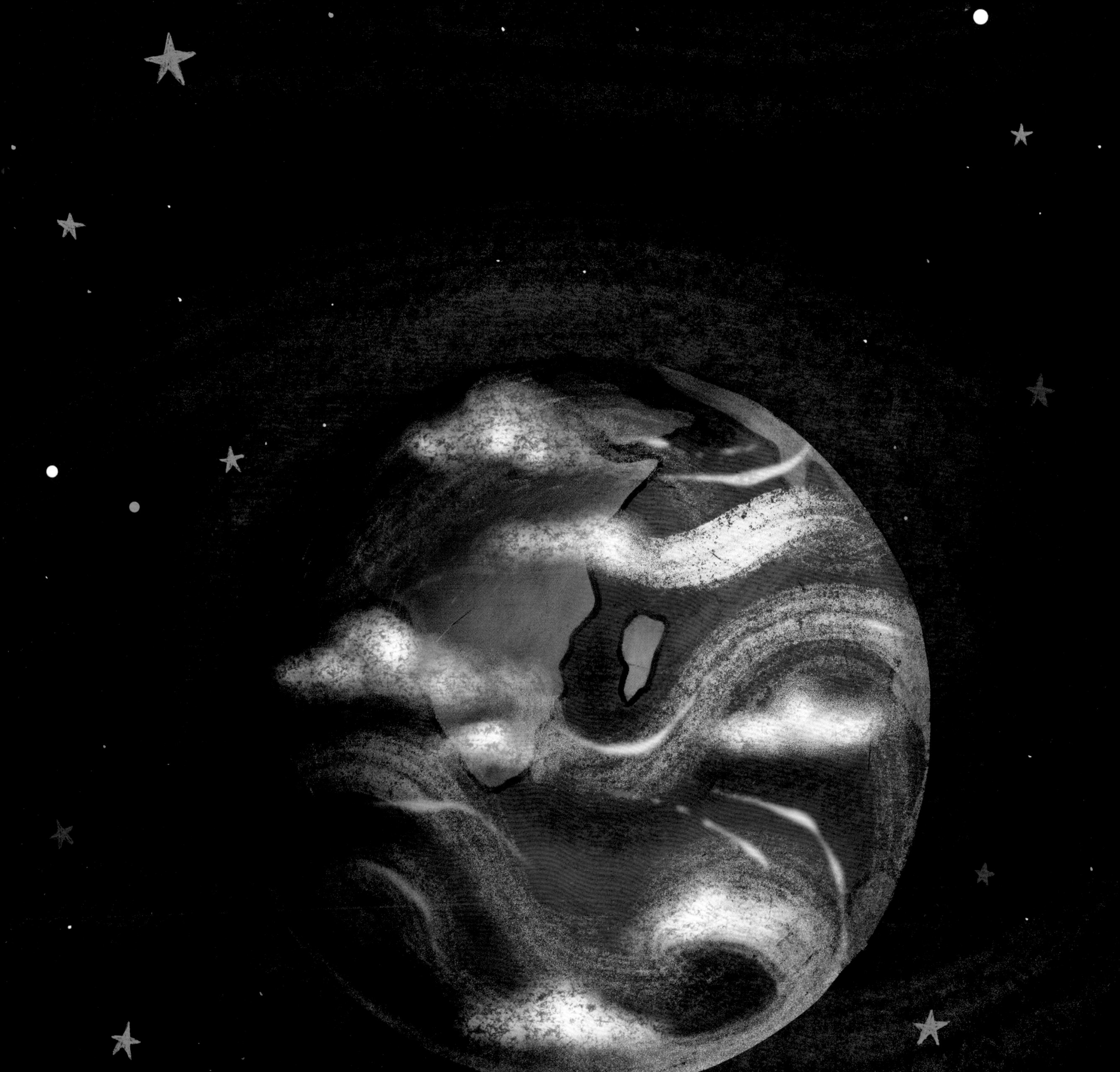

月球之旅真是棒极了！但是事实上，没有比地球更好的居住环境了。
我比以往任何时候都更加去关爱地球，为了让它永不失去所有的那些美丽色彩。

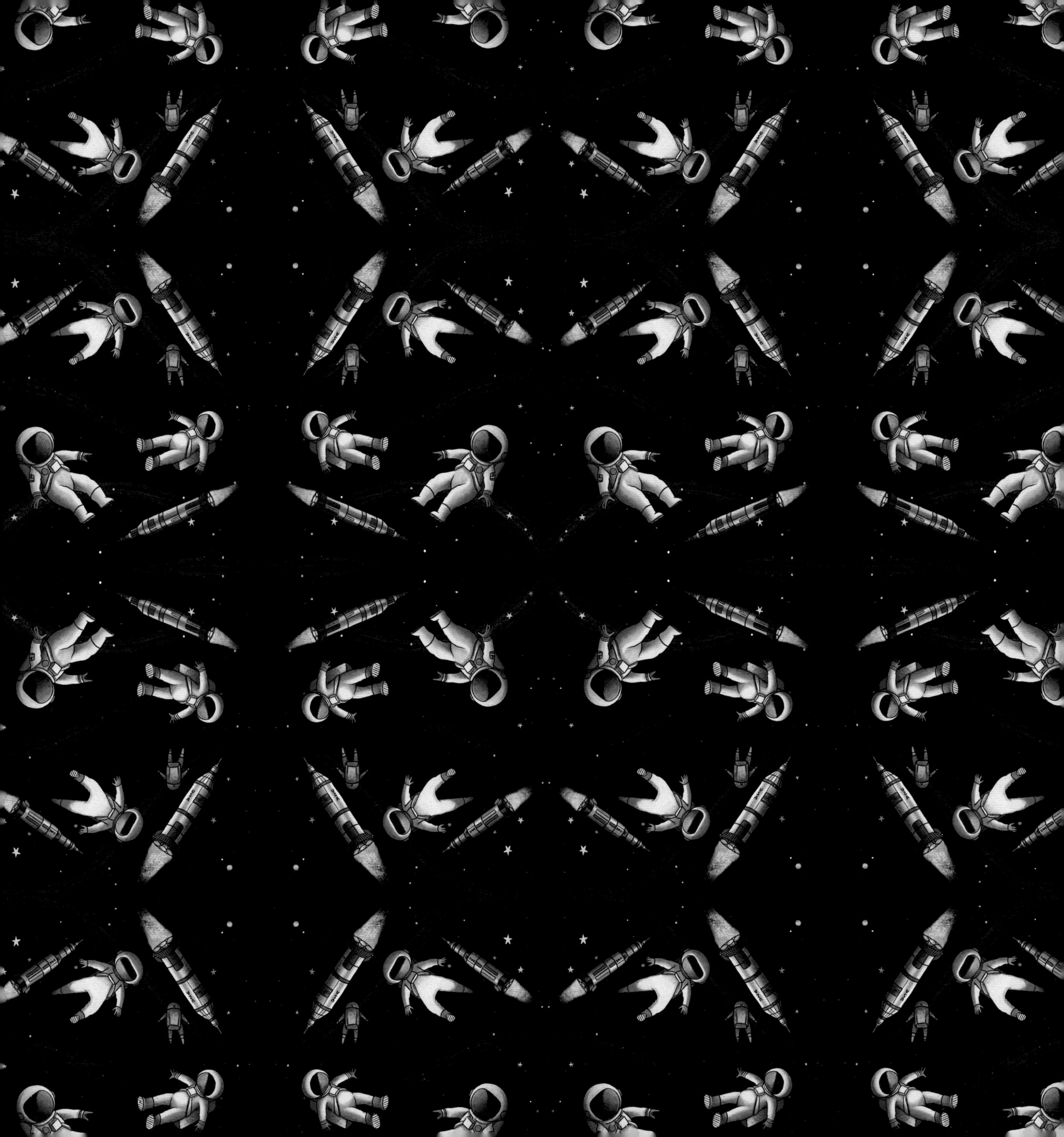